Seidenmalerei
Grundlegende Techniken, gestalterische Möglichkeiten

Brigitte Waldschmidt

Seidenmalerei

Grundlegende Techniken, gestalterische Möglichkeiten

ENGLISCH VERLAG

Die Deutsche Bibliothek – CIP–Einheitsaufnahme

Seidenmalerei. – Wiesbaden : Englisch.

Grundlegende Techniken, gestalterische Möglichkeiten /
Brigitte Waldschmidt. – 1992
ISBN 3–8241–0511–X

Umschlag- und Innengestaltung Andreas Ruers.

Printed in Germany.
ISBN 3–8241–0511–X

Inhaltsverzeichnis

Vorwort

Im Vordergrund dieses Hobbybuches stehen zwei Aspekte: die Grundlagen der Seidenmalerei auf der einen und ganz konkrete Beispiele zum Nacharbeiten auf der anderen Seite.

Ob tatsächlicher Anfänger, Anfänger mit Vorkenntnissen oder „Seiteneinsteiger“: Dieses Buch ist für alle diejenigen gedacht, die sich entweder noch nie mit der Seidenmalerei befaßt haben oder aber schon einmal bei einer Vorführung, einem „Schnupperkurs“ oder anderen Gelegenheiten einen kurzen Einblick in diese faszinierende Stoffmaltechnik erworben haben.

Wer sich nach einem solchen Einstieg intensiver mit diesem Hobby beschäftigen möchte, der findet in diesem Anleitungsbuch alle notwendigen Informationen über die Grundausstattung, die Vorbereitungen, die Farben, die grundlegenden Seidenmaltechniken und die jeweiligen Anwendungsmöglichkeiten.

Ich wünsche Ihnen viel Freude und Spaß an diesem faszinierenden Hobby.

Brigitte Waldschmidt

Die Grundausstattung

Damit Sie von Anfang an den nötigen Erfolg und somit Spaß an der Seidenmalerei haben, ist es wichtig, das erforderliche Material griffbereit liegen zu haben, so daß Sie jederzeit beginnen können.
Eine kleine Grundausstattung bekommen Sie in Künstlerbedarfs- oder Bastelläden. Dieses Seidenmalpaket können Sie bereits fertig abgepackt erwerben; doch noch besser ist es, Sie lassen sich durch einen guten Berater das nötige Material entsprechend zusammenstellen. Für den Anfang muß diese Grundausstattung nicht sehr umfangreich sein, vielmehr sollten Sie sich erst einmal mit der Technik vertraut machen und herausfinden, ob Ihnen dieses Hobby Spaß und Freude bereitet.
Einen Teil des Materials, das Sie für die Seidenmalerei brauchen, findet sich in fast jedem Haushalt wieder, und wenn Sie handwerklich begabt sind, können Sie sich den Rahmen z. B. selbst basteln. Seidenmalerei muß nicht unbedingt teuer sein; man kann sich durchaus mit einigen Dingen behelfen. Tips dazu finden Sie unter anderem in der nachfolgenden Aufstellung.

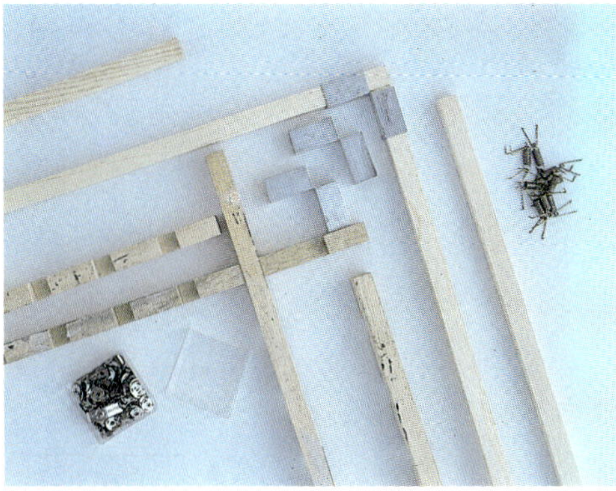

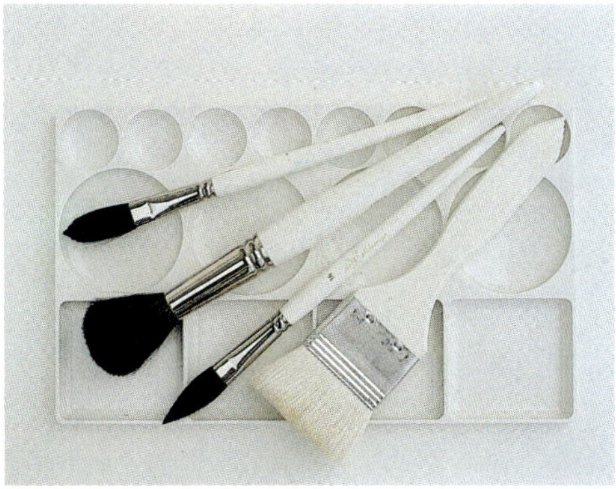

Material- und Einkaufsliste

Einkaufsliste

Spannrahmen
Pinsel
Seidenmalfarbe
Gutta und Guttafläschchen
Dreizackstifte
Seide
Tesa-Krepp
Transparentpapier
dicker schwarzer Filzstift

Materialliste

kleine leere Fläschchen
Schraubdeckelchen
Pipette
altes Bettuch
Schnellkochtopf
Schere
verschiedene Salze
Alufolie
großes Wasserglas
weicher Bleistift
Gummihandschuhe
Bügeleisen
Nadel und Seidenfaden
Essig
Reinigungsbenzin
Fön

Spannrahmen: Der Spannrahmen besteht aus Weichholz, damit man die Seide leicht feststecken kann. Es gibt mit Flügelschrauben stufenlos verstellbare Rahmen und durch Einkerbungen in bestimmten Abständen zusammensteckbare Modelle.
Will man größere Seidenobjekte arbeiten, empfiehlt es sich, einen verstellbaren Rahmen zu kaufen. Sie können sich aber auch erst einmal mit einem alten Weichholzbilderrahmen behelfen.

Dreizackstifte: Zum Aufspannen der Seide eignen sich die Dreizackstifte am besten, da sie die Seide nicht zu stark strapazieren.
Sie können aber auch Stecknadeln, Architektennadeln oder Reißzwecken verwenden.

Pinsel: Für den Anfang benötigen Sie vier verschiedene Pinsel: einen breiten Chinaflachpinsel, einen dicken Pinsel, wie man ihn für die Aquarellmalerei verwendet, und von der gleichen Sorte einen mitteldicken und einen dünnen Pinsel. Die Wahl der Pinsel treffen Sie nach der Größe der zu bemalenden Fläche. Für kleine Flächen nimmt man kleine Pinsel, die entsprechend wenig Farbe aufnehmen, und für größere Flächen dickere Pinsel.

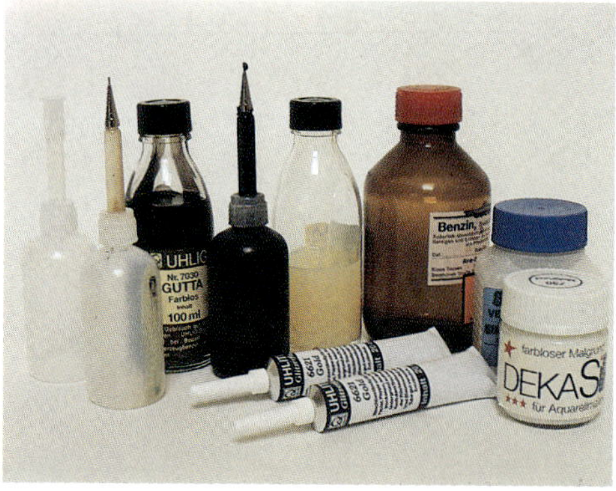

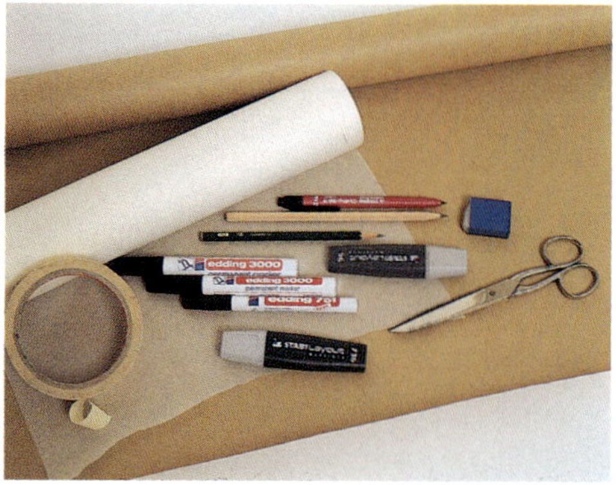

Für den großflächigen Farbauftrag eignen sich breite Flachpinsel am besten.

Reservierungsmittel: Das gebräuchlichste Reservierungsmittel ist die sogenannte Gutta. Diese ist erhältlich in Farblos, Schwarz, Gold und Silber, mittlerweile auch eingefärbt in unterschiedlichen Farben.
Für großflächige Reservierungen gibt es außerdem ein Antifusantmittel, welches Sie, wie später noch genauer beschrieben, gut selbst herstellen können.

Guttafläschchen: Die Gutta wird mittels eines Guttafläschchens aufgetragen. Als Zubehör gibt es zu diesen Pipettfläschchen aufsteckbare Federn mit unterschiedlich dicken oder dünnen Kanülen.

Tesa-Krepp: Zum Abkleben des Rahmens benötigen Sie ein Tesa-Krepp-Band, das verhindert, daß sich der Weichholzrahmen mit Farbe vollsaugt.

Transparentpapier: Um die Motive selbst entwerfen zu können, eignet sich ein Transparentpapier am besten, aber auch einfaches Packpapier erfüllt diesen Zweck. Bitte beachten Sie, daß Sie für Tücher auch entsprechend großes Papier benötigen.

Stifte: Zum Entwerfen auf Papier eignen sich dicke schwarze Filzstifte am besten, da sie später gut durch die Seide scheinen. Die Linien des Entwurfes werden mit einem weichen Bleistift wie 3B, 4B, 5B usw. auf die Seide durchgemalt.

Fön: Für den Wassertropfeneffekt benötigt man zum schnellen Trocknen einen Fön.

Seidenstoffe

Es gibt verschiedene Arten von Seide. Sie unterscheiden sich durch ihre Bindungsart, ihr Gewicht und die Feinheit des ausgesponnenen Fadens.
Für den Anfänger eignet sich die Pongéseide, auch Batikseide genannt, am besten; sie ist in unterschiedlichen Stärken erhältlich. Diese Seide ist relativ preiswert und durch eine gute Farbaufnahme einfach zu bearbeiten.
Andere Qualitäten, die sich ebenfalls zum Bemalen eignen, sind die Crêpe-de-Chine-Seide, die Wildseide, die Honanseide, Seidenchiffon, Seidengeorgette, Seidentwill, Seidentoile und die Bouretteseide.

Verschiedene Seidenqualitäten von links nach rechts: Seidensatin, Indiencrêpe mit Fransen, Seidenchiffon, Crêpe de Chine mit Jacquardmuster und Crêpe de Chine

Seidenmalfarben

Es gibt verschiedene Hersteller, die diese Stoffmalfarben anbieten. Sie unterscheiden sich im wesentlichen durch die Art der Fixierung.
Manche Farben müssen nicht durch Dampf fixiert werden, um wasch- und lichtecht zu werden. Hier genügt das bloße Einbügeln. Eine weitere Fixierungsart ist die Behandlung durch Hitze im Backofen. Bei dieser Variante kann man größere Flächen behandeln, die lückenlos fixiert werden können, denn das Fixieren großer Flächen mit dem Bügeleisen ist sehr mühsam, und das Ergebnis wird nicht immer gleichmäßig.
Eine neuere Errungenschaft auf dem Farbsektor für die Hobbyseidenmalerei sind die sich selbst fixierenden Farben, die keiner weiteren Nachbehandlung bedürfen. Eine weitere Möglichkeit, die Farben licht- und waschecht zu präparieren, ist das Auftragen einer Fixierlösung auf die bereits bemalte Seide.
Ich bevorzuge jedoch die mittels Dampf zu fixierenden Farben, da, wie ich meine, die Farben mehr an Brillanz gewinnen. Am besten lassen Sie sich im Fachhandel beraten oder probieren beide Möglichkeiten selbst aus. So finden Sie die Farbqualität, mit der Sie selbst am besten umgehen können.
Es genügen erst einmal wenige Farben wie Gelb, Rot, Violett, Blau, Grün und Schwarz. Die Farbe Weiß wird durch Wasser oder Wasseralkoholgemische ersetzt. Den Rest kann man sich, wie später noch genauer beschrieben wird, gut selbst mischen.

Der Arbeitsplatz

Als Arbeitsplatz eignet sich grundsätzlich jeder normalgroße Küchentisch. Sie sollten jedoch darauf achten, daß man Tisch und Fußboden gut reinigen kann, denn es ist sehr schwierig, Textilfarbe z. B. aus Teppichböden zu entfernen. Außerdem sollte der Tisch soviel Platz bieten, daß Sie bequem darauf arbeiten können und Ihre Farben und die anderen benötigten Hilfsmittel übersichtlich und gut erreichbar darauf abstellen können.
Sie werden feststellen, daß man vor allem bei größeren Objekten am bequemsten im Stehen arbeiten kann. Man hat so den besten Überblick und vermeidet, daß man die bereits aufgetragene Farbe mit der Hand verwischt. Deshalb ist es besonders wichtig, daß Sie einen Tisch wählen, der nicht zu niedrig, aber auch nicht zu hoch ist. Ungeeignet sind schräg gestellte Tische, wie man sie vom Zeichnen her kennt. Der Rahmen mit der aufgespannten Seide muß beim Malen mit Farbe horizontal aufliegen, da die Farbe ansonsten einseitig nach unten laufen würde, was zu unschönen „Nasen“ führt.

Eine weitere wichtige Komponente für das Gelingen einer Arbeit ist das entsprechende Licht. Am idealsten ist ein gutes Tageslicht und hier, wie auch sonst wenn man mit Farben arbeitet, ein Nordlicht. Dieses Licht sollte beim Rechtshänder von links und beim Linkshänder von rechts einfallen oder direkt von vorne, um lästige Schatten zu vermeiden. Haben Sie Ihre Farben bei Tageslicht vorgemischt, können Sie mit einer guten Lampe auch bei Kunstlicht weiterarbeiten.

Die Vor- und Nachbereitung

Vorüberlegungen und Motivsuche

Der Wert einer kreativen Tätigkeit liegt nicht im Nachahmen, sondern im Kreieren neuer Dinge. Aus diesem Grund ist es erstrebenswert, Motive und Musterbogen selbst herzustellen.
Anregungen für Muster und Motive finden Sie in der Natur und unserem täglichen Leben. Ein unermeßliches Sammelbecken an Formen und Farben bieten Pflanzenwelt und Tierreich, aber auch Strukturen von Gesteinsarten und Erdschichten können als Anstoß für sehr reizvolle und ausgefallene Gestaltungen dienen.

Auch die Geometrie kann man sich zunutze machen, so zum Beispiel durch Kreise, die sich überschneiden, verschachtelte Quadrate, Rechtecke, Dreiecke oder ganz einfach durch gut rhythmisierte Streifen und Karos.
Je nach Verwendungszweck werden Motive zu Mustern umgearbeitet und auf einem stabilen Packpapier mit einem dicken, schwarzen Filzstift aufgezeichnet.

Bei der Umsetzung eines Motives kann man sich speziell für die Seidentücher der Symmetrieachse zunutze machen und durch Klappen und Spiegeln Muster herstellen. Für Seidenbilder genügt die Stilisierung eines Motives, wenn man einen Musterbogen herstellen möchte, da Bilder im allgemeinen durch eine malerische Technik ohne genaue Vorgabe gearbeitet werden.

Vorbehandlung der Seide

Die sogenannte Batik- oder Pongé-Seide, die sich vor allem für den Anfänger am besten eignet, ist im allgemeinen naturbelassen und muß somit vor dem Bemalen nicht gewaschen werden. Bei anderen Seiden kann es jedoch sein, daß sie so vorbehandelt sind, daß sie die wäßrige Farbe nicht aufnehmen. In diesem Fall muß die Seide vor dem Bemalen gewaschen werden. Sie sollten beim Kauf ausdrücklich auf den Verwendungszweck hinweisen und sich von der Verkäuferin beraten lassen, was zu tun ist. Ein weiterer Punkt, der für das vorherige Waschen der Seide spricht, ist der Schrumpfungsprozeß, der beim Naßwerden der Seide einsetzt. Dies kann sich besonders negativ auswirken, wenn Sie ein quadratisches Tuch herstellen möchten.

Waschen Sie mit Feinwaschmittel vor, um die Fähigkeit der Wasseraufnahme und somit auch der Farbaufnahme optimal zu gewährleisten und eventuelle Schrumpfverluste ausgleichen zu können.

Bei Bildern oder kleineren Probestücken kann nach dem Waschen und Bügeln mit dem Aufspannen der Seide begonnen werden.

Wollen Sie jedoch ein Tuch oder einen Schal herstellen, so ist es besser, vor allen anderen Arbeiten die Seide mit einem Rollsaum einzufassen. Es eignet sich hier ein reiner Seidenfaden besser als ein Baumwollgarn, denn dieses könnte beim Waschen anders schrumpfen als die Seide, und dann würde sich der Saum wellen. Ein weiterer Grund dafür, schon vor Beginn der eigentlichen Arbeit das Seidenstück mit einem reinen, weißen Seidengarn zu säumen, ist folgender: Beim späteren Bemalen kann auch der Seidenfaden, je nachdem mit welcher Farbe Sie arbeiten, diese aufnehmen und später so fixiert werden. Wenn Sie diesen Rat befolgen, werden Sie feststellen, daß nach Fertigstellung des Objektes kein Faden sichtbar sein wird. Eine Aufwertung eines jeden Seidentuches stellt ein Handrollsaum dar, der sich speziell für Seidenarbeiten eignet. Beim richtig gearbeiteten Handrollsaum ist der Faden später nicht mehr sichtbar. Ungeeignet sind Nähmaschinensäume.

Rollsaum

Etwa einen halben Zentimeter breit die Außenkante der Seide umknicken. Dann mit der Nadel von innen nach außen genau im Knick die Falte durchstechen. Vom Ausstich ein paar Millimeter nach links versetzt, mit der Nadel unterhalb der Stoffkante ein Fadenkreuz aufnehmen und durchstechen. Nun wieder ein paar Millimeter nach links versetzt, von oben durch die Stoffkante stechen.

Die Nadel etwa einen Zentimeter hohl durch die Stoffalte führen und im Knick nach außen stechen; ab dem 3. Schritt immer wiederholen. Nach etwa 20 cm den Anfang des Saumes festhalten und den Faden stramm ziehen, so daß sich der Saum zusammenrollt.

Aufspannen der Seide

Vor dem Aufspannen der Seide auf den Rahmen wird dieser auf die ungefähr benötigte Größe eingestellt und anschließend mit Tesa-Krepp abgeklebt. Dies ist wichtig, denn ein Weichholzrahmen ist ein sehr saugfähiges Materi-

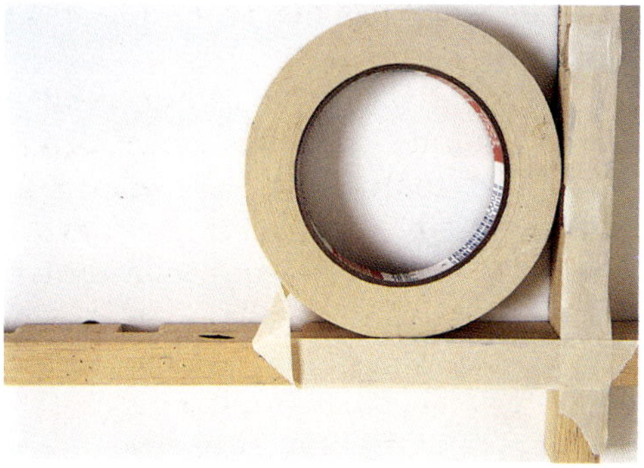

al. Bei anderen Arbeiten würde sich die im Rahmen eingetrocknete Farbe ablösen und unschöne Ränder hinterlassen. Nach Beendigung der Arbeit kann man so bequem das schmutzige Band abziehen und durch ein neues ersetzen. Auf diese Weise haben Sie immer einen sauberen Rahmen.

Beim Feststecken der Seide auf dem Rahmen ist zu beachten, daß die Spannung gleichmäßig verteilt ist und die Seide nicht einseitig verzogen ist.

Die Seide muß trommelartig gespannt sein, denn beim späteren Bemalen wird sie durch die Feuchtigkeit etwas weiter.

Hat man nun von Anfang an zu locker aufgesteckt, kann es passieren, daß die Farbe aus den Konturen läuft und in der Mitte zusammenfließt. Bei zu straff gespannter Seide ist die Gefahr gegeben, daß an den Fixierpunkten der Stoff ausreißt oder daß an diesen Stellen größere Löcher in der Seide entstehen.

Zum Aufstecken der Seide eignen sich die Dreizackstifte am besten, da sie mit dem Rahmen auf einer Ebene liegen. Außerdem ist hier die Spannung auf drei Punkte verteilt. Mit der Bespannung wird an den vier äußeren Punkten angefangen. Dann wird die sich zwischen zwei Punkten ergebende Strecke halbiert und mit einem Stift versehen. Dies wird so lange wiederholt, bis die Stifte einen Abstand von etwa acht bis zehn Zentimetern haben. Auf der gegenüberliegenden Seite werden die Stifte jeweils um die Hälfte versetzt. Ebenso an den beiden anderen Schenkeln des Rahmens.

Übertragen des Motivs

Je nachdem welche Technik Sie anwenden wollen, müssen Sie nun das Motiv auf die Seide übertragen.

Bei freien Farbverläufen ohne deutliche Abgrenzung durch Konturen ist es nicht unbedingt erforderlich vorzuzeichnen. Sind Sie jedoch noch nicht so sicher, dann ist es besser, die späteren Farbwechsel mit einem weichen Bleistift zu markieren. Will man genau abgegrenzte Farbwechsel, muß man die Konturen exakt vorgeben.

Man legt den Musterbogen unter die aufgespannte Seide und steckt ihn so, daß er nicht verrutschen kann, mit Nadeln fest.

Die durchscheinenden schwarzen Konturen werden nun entweder erst mit Bleistift oder aber gleich mit der Konturflüssigkeit nachgezogen. Die Konsistenz der Gutta richtet sich nach der verwendeten Seide. Bei sehr dünner Seide muß die Gutta dickflüssiger sein, um ein weites Auslaufen der Konturen zu verhindern. Bei sehr dicker Seide wie z. B. bei Wildseide sollte die Gutta so dünnflüssig sein, daß sie das Gewebe gut durchdringt und eine genaue Abgrenzung gewährleistet ist.

Haben wir nun unser gewünschtes Motiv auf die Seide übertragen, ist es wichtig, eine entsprechend lange Trocknungszeit des Konturmittels einzuplanen. Am besten läßt man das Werkstück über Nacht stehen und arbeitet daran zu einem späteren Zeitpunkt weiter. Noch feuchte Konturen gewährleisten keine genaue Abgrenzung zweier Flächen.

Fixieren

Haben wir unser Werkstück fertiggestellt, ist es sehr wichtig, daß es gut trocknen kann. Mit dem endgültigen Fixieren der Farben sollten Sie einige Tage warten.
Für Beginner und für kleinere Stoffteile empfehle ich zwei Farbsubstanzen. Die eine Sorte muß nach dem Trocknen zum Fixieren nur gebügelt werden, und die andere Sorte muß mit Dampf im Schnellkochtopf etwa 45 Minuten fixiert werden. Ich selbst verwende nur die, die mit Dampf fixiert werden, da die Farben dadurch mit Sicherheit länger ihre Brillanz behalten.
Folgende Schritte sind beim Fixieren im Schnellkochtopf einzuhalten:
Das Seidenstück wird in ein Baumwolltuch, welches Sie sich aus einem alten Bettuch schneiden können, gewickelt, und zwar so, daß nie Seide auf Seide zum Liegen kommt.
Die zu einer Schnecke geformte Rolle setzt man nun so in den Siebeinsatz des Schnellkochtopfes, daß in der Mitte eine Öffnung bleibt und somit der Dampf später zirkulieren kann. Über diesen Siebeinsatz spannt man Alufolie, die verhindert, daß Wasser auf das eingewickelte Seidenstück tropft. Für die Zirkulation des Dampfes ist es wichtig, in die Mitte der gespannten Alufolie ein Loch zu machen.
Nun gibt man etwas Wasser und einen Schuß Essig in den Topf, bringt dieses zum Kochen und setzt den Siebeinsatz so in den Topf, daß er wie beim Dämpfen von Gemüse ein paar Zentimeter über der Wasseroberfläche sitzt. Danach verschließt man den Topf, schraubt das Ventil auf und läßt das Ganze etwa 45 Minuten dämpfen. Durch das Dampffixieren wird eine hohe Wasch- und Reinigungsbeständigkeit erzielt, und die Farben sind sehr viel brillanter als bei der Fixiermethode mit dem Bügeleisen.

Alternative: Fixierdienst

Da sich die Dampffixierung im Schnellkochtopf hauptsächlich für kleinere Seidenstücke eignet, kann man bei einem großen Seidentuch auch sehr gut auf den Fixierdienst zurückgreifen. Dieser Fixierdienst wird von Bastelgeschäften und Läden für Seidenmalereizubehör angeboten und gewährleistet im allgemeinen eine fehlerlose Fixierung. Vorteil dieser Fixierung in großen Fixiergeräten ist, daß sich keine unschönen Knicke ergeben, wie man diese beim Fixieren im Schnellkochtopf leicht bekommt. Malen Sie sehr viel auf Seide, so empfiehlt es sich, sich ein eigenes Fixiergerät zuzulegen, das man auf eine Kochplatte stellen oder legen kann.

Pflege

Haben Sie nach dem Fixieren Ihr Seidenstück aus dem Schnellkochtopf geholt, werden Sie feststellen, daß die Farben an Brillanz und Leuchtkraft noch hinzugewonnen haben. Nun sollte Ihr Werkstück erst einmal einige Tage ruhen.

Tücher, Schals, Schleifen, Kissenhüllen und andere Dinge, die später immer wieder gereinigt werden müssen, sollte man mit Feinwaschmittel behandeln, so daß die restliche Farbe, die nicht im Gewebe gebunden wurde, herausgewaschen wird. Das Feinwaschmittel muß anschließend gut ausgespült werden. Man kann in den letzten Spülgang etwas Essig geben, der die Seide in einem edlen Glanz erscheinen läßt. Nachdem die Seide angetrocknet ist, kann sie im leicht feuchten Zustand bei mittlerer Hitze gebügelt werden.

Wurde auf der Seide mit Gutta gearbeitet, wird diese bei der chemischen Reinigung am schnellsten herausgelöst. Beim normalen Waschen dauert dies etwas länger. Haben Sie Gold- oder Silbergutta verwendet, scheidet die chemische Reinigung ganz aus, denn bei ihr würde auch der Gold- und Silbereffekt ausfallen. Stoffe, die man nach dem Fixieren zu Lampenschirmen, Bildern oder Glückwunschkarten weiterverarbeitet, müssen nicht gewaschen oder gereinigt werden. Hier genügt das Ausbügeln.

Abbildung links:
Farbpalette mit den Grundfarben Gelb, Orange, Rot, Violett, Blau, Türkis und Grün, welche in der obersten Reihe aufgestrichen sind.
In der zweiten Farbreihe sind die Farben nicht abgestuft, sondern beliebig aneinandergereiht und vermischen sich.
In der untersten Farbreihe sind die Farben wieder abgestuft aufgestrichen, wurden allerdings mit Wasser aufgehellt und fließen etwas mehr ineinander als die Farben in der obersten Reihe.

Rhythmisch aufgetragene Farbpunkte in kräftigen, klaren Grundfarben mischen sich auf der Seide und zeigen die Vielfältigkeit der Farbmischungen auf.

Die Farben und ihre Anwendung

Arbeiten mit den Grundfarben

Wie bereits beim Materialkauf angesprochen, genügen für den Anfang erst einmal die Farben Gelb, Rot, Blau, Grün, Violett und Schwarz. Aus dieser Farbpalette können Sie sich selbst, was Ihnen auch mehr Sicherheit im Umgang mit Farben gibt, alle gewünschten Töne mischen.
Aufgehellt wird unter Zugabe von Wasser, eventuell leicht mit reinem Alkohol vermischt, und abgedunkelt wird durch Schwarz. Eine Trübung der Farben erreichen Sie durch Zugabe der jeweiligen Komplementärfarbe, also der Farbe, die im Farbkreis genau gegenüber liegt. Komplementärfarben sind z. B. Rot – Grün, Blau – Orange, Violett – Gelb, um nur die wichtigsten zu nennen.
Sicher finden Sie sehr schnell heraus, wie einfach das Mischen von Farben ist, und haben Spaß an der Zusammenstellung Ihrer eigenen Farbpalette. Wollen Sie z. B. Orange mischen, verwenden Sie Gelb und Rot, für Türkis Blau und Grün, für Bordeauxrot Rot und Violett,

Rhythmisch aufgetragene Farbpunkte, die zum Teil stark verwässert wurden, laufen konturenlos ineinander. Durch Einsatz von Wasser entstehen bei den dunkleren Farben interessante Trocknungskonturen.

Basis dieser Farbübung ist die mittlere Abbildung, welche durch Farb- und Wassertropfen, die erst nach dem vollständigen Abtrocknen des Fonds aufgebracht wurden, noch stärker strukturiert wurde.

Hier wurden Farbtropfen, zum Teil stark verwässert, auf die Seide aufgetragen. Sie schwimmen ineinander und werden nach einer gewissen Trocknungszeit durch Salz zu bizarren Strukturen geformt.

Bei dieser Farbübung wurden bereits vermischte Farben verwendet, aquarellistisch aufgetragen und durch Tropfen und Wasserlinien strukturiert und belebt. Radial aufgetragene Glitzereffekte unterstützen die Wirkung der Strukturen und stellen eine weitere Komponente bei der Gestaltungsmöglichkeit dar.

für Braun Rot und Schwarz oder Rot und Grün usw.
Zur Lagerung der angemischten Farbtöne eignen sich kleine Gläschen mit verschraubbarem Verschluß am besten. Dies bietet noch den Vorteil, daß Sie sich eine genaue Rezepturliste erstellen können und durch eine Numerierung der Gläser stets genau wissen, welche Farbe in welchem Glas ist.
Um eine solche Rezepturliste erarbeiten zu können, brauchen Sie ein Grundmaß. Hier bietet sich der Gebrauch einer Pipette an, wie sie in jeder Apotheke erhältlich ist. Mit ihr können Sie stets die gleiche Menge Farbe aus dem Grundfarbenglas entnehmen, und auf Ihrer Rezepturliste könnte dann z. B. stehen:

  2 Teile Grün
\+ 1 Teil Blau
\+ 3 Teile Wasser
= Helltürkis.

Da die meisten Farben heller auftrocknen, ist es angebracht, den Trocknungsprozeß durch einen normalen Haarfön zu beschleunigen, um das Mischen der Farbpalette nicht zu langwierig zu gestalten.

Musterbogen für ein Seidenbild mit klaren Abgrenzungslinien; er kann aber auch als Basis für die freie aquarellistische Seidenmalerei dienen oder auch auf reservierter Seide verwirklicht werden.

Hier wurden die Blüten in Orange-Rot-Violett-Abstufungen mit etwas Türkis ausgemalt. Die Blätter wurden in Grünabstufungen vom warmen Grün bis hin zum kühlen Grün angelegt. Der Untergrund erhielt eine graugrüne sich aufhellende Farbe.

Erstellen von Farbklängen

Für das Entdecken schöner Farbklänge gelten die gleichen Regeln wie für das Finden von Normen. Die Natur bietet uns hier unerschöpfliche Möglichkeiten, harmonische und ausgewogene Farbzusammenstellungen und -rhythmen zu finden. Denken wir nur einmal an die Farbenpracht des Herbstes und die Farbvielfalt des Frühlings. Beispiele aus der Tierwelt sind heimische und exotische Vogelarten, verschiedene Fisch- und Insektenarten wie z. B. die Schmetterlinge. Grundsätzlich kann man sagen, daß es keine Farben gibt, die nicht zusammenpassen. Durch eine geschickte Verteilung und Gewichtung der Farben läßt sich zwischen allen Tönungen Harmonie herstellen.

Seite 20:
Diese Darstellung zeigt das gleiche Motiv. Auch die gleichen Farben kamen hier zum Einsatz, jedoch mit einer völlig anderen Gewichtung. Es wurde mehr vom Türkiston verwendet; das Rot erscheint im Untergrund; die Blüten wurden in den Grünschattierungen angelegt, und die Blätter erhielten den Graugrünton. Auf diese Weise entsteht ein anderes Bild, obwohl das gleiche Motiv und die gleichen Farben verwendet wurden.

Die Seidenmaltechniken

Aquarellistisch aufgetragene Farben ohne genau abgrenzende Guttalinien. Hier wurden die Farben aus der Motorik heraus, spielerisch aufgetragen. Die dunkleren Farblinien wurden auf die etwas angetrockneten Farben, die den Grund bilden, aufgetragen.

Man unterscheidet im wesentlichen zwischen zwei Techniken in der Seidenmalerei. Zum einen gibt es die freie malerische Technik ohne fest vorgegebene Konturen und die sogenannte Guttatechnik, bei der die aneinandergrenzenden Flächen durch ein Reservierungsmittel abgegrenzt werden.
Als dritten Übergriff kann man noch die Mischung aus beiden Techniken anführen.

Innerhalb der einzelnen Seidenmaltechniken gibt es noch einmal Unterscheidungen:

Freie Technik:
- Malen von einfachen aquarellistischen Verläufen;
- Malen von einfachen aquarellistischen Verläufen mit Einsatz von Effekten;
- großflächiges Reservieren des Malgrundes und anschließendes Bemalen ohne große Farbverläufe;
- großflächiges Reservieren des Malgrundes und anschließendes Bemalen ohne große Farbverläufe und Einsatz von Effektmitteln.

Guttatechnik:
- Gutta als Mittel, Flächen durch Konturen genau abzugrenzen;
- Gutta als Mittel, Flächen durch Konturen genau abzugrenzen plus Maleffekte;
- Gutta als Gerüst und Steuerung der Farbe, aber nicht, um Flächen genau abzugrenzen.

Mischtechnik:
- Alle aufgeführten Techniken kann man auch untereinander mischen, so daß sich eine Vielzahl von Gestaltungs- und Variationsmöglichkeiten ergibt.

Freie Technik

Unter „Freier Technik“ versteht man das Malen von einfachen Verläufen. Diese Art der Seidenmalerei ist für den Anfänger der Einstieg, um sich mit den Materialien Seide und Seidenmalfarbe vertraut zu machen.

Hier wurde die Farbe ähnlich wie auf der Abbildung auf Seite 21 aufgetragen, jedoch noch stärker verwässert. Belebt wird die Malerei durch verlaufene Farbkleckse in starken, klaren Farben, welche durch die aquarellistische Malweise weich auf dem Grund auslaufen.

Hier entstand ein Karomuster, das deshalb besonders interessant wirkt, weil es keine klaren Abgrenzungslinien aufweist. Das Karo ist als solches erkennbar, da einige Linien und Streifen auf die bereits angetrocknete Farbe gemalt wurden. Man beginnt mit ineinanderlaufenden Linien, die nach dem Trocknen durch kreuzende Linien überlagert werden.

Sie legen sich nun den Rahmen mit der aufgespannten Seide und einen dicken Pinsel zurecht, stellen Ihre vorgemischten Farben an den Arbeitsplatz und füllen ein großes Glas mit Wasser. Nicht vergessen sollten Sie einen alten Lappen oder Papiertücher zum Abstreifen der Farbe.

Nun feuchten Sie die aufgespannte Seide mit Wasser so an, daß die Seide zwar naß ist, jedoch keine Pfützen auf ihr stehenbleiben. Sollte dies doch der Fall sein, tupfen Sie das Wasser mit Ihrem Lappen vorsichtig ab. Hängt Ihr Seidenstück zu sehr durch, müssen Sie es noch einmal nachspannen, sonst würde die Farbe zusammenlaufen und zu ungewollten Ergebnissen führen.

Auf die feuchte Seide wird nun mit dem weichen, dicken Pinsel die Farbe aufgetragen. In dem nassen Zustand ist die Seidenfaser bereits so präpariert, daß sie an einem Punkt nicht mehr so viel flüssige Farbe aufnehmen und diese aus dem Grund sich rasch und weitläufig ausbreiten kann, was zu dem Aquarelleffekt führt. Deshalb ist es auch zu verstehen, daß der Stoff nicht zu naß sein darf. Er würde überhaupt keine Farbe mehr aufnehmen oder zumindest nur sehr schlecht.

Sie können die Farbe ganz nach Ihrem Geschmack auftragen, entweder als verschwimmenden Punkt, als Linie oder größere Fläche. Reizvoll und interessant wird diese Technik, wenn Sie verschiedene Farben so aneinanderreihen, daß sie zum Teil ineinander verschwimmen und dadurch nochmals neue Mischtöne entstehen. Bei richtiger Handhabung erhalten Sie nahtlose Übergänge von einer Farbe in die andere, also einen „Regenbogeneffekt“.

Wichtig bei dieser Seidenmaltechnik ist, daß Sie ein angefangenes Stück in einem Arbeitsgang zu Ende bringen müs-

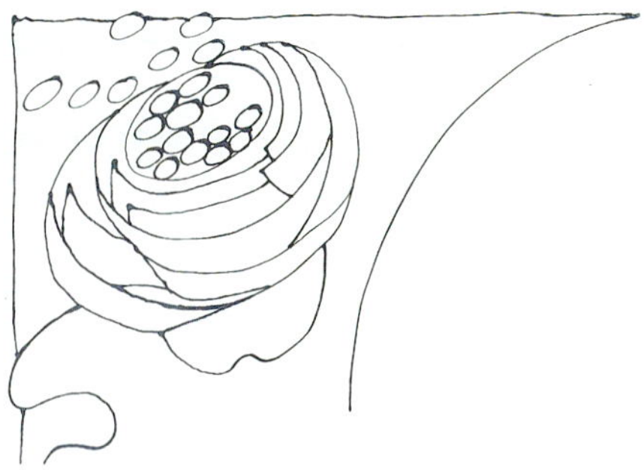

Aufbringen der Guttalinien mit dem Guttafläschchen, dabei liegt der Musterbogen unter der aufgespannten Seide.

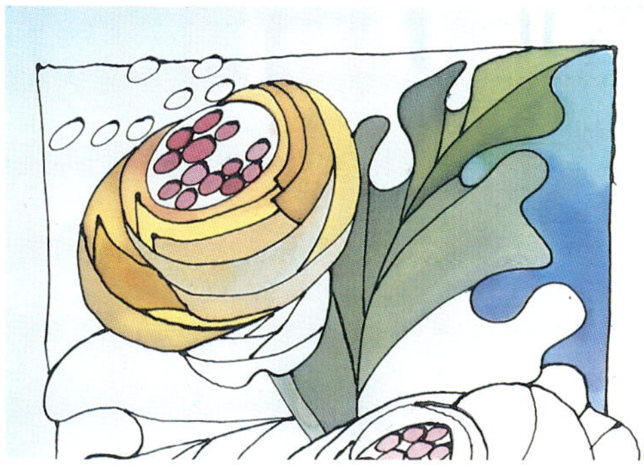

Nach dem vollständigen Abtrocknen der Guttalinien werden die einzelnen Felder mit Seidenmalfarbe ausgefüllt. Wichtig ist, daß die Trennungslinien die einzelnen Farben gut abdichten und diese so optimal voneinander trennt.

sen. Denn ist die Farbe erst einmal aufgetrocknet, ergeben sich bei einem Neuansatz immer dunklere Ränder, auch wenn Sie die Seide komplett neu anfeuchten.

Bei entsprechend schneller Arbeitsweise erhalten Sie auch ohne vorheriges Anfeuchten der Seide diesen Aquarelleffekt. Zu beachten ist hier, daß die ineinanderfließenden Farben nie ganz trocken sein dürfen, da sonst ebenfalls ungewollte dunkle Ränder entstehen.

Guttatechnik

Zunächst möchte ich Gutta als Mittel, Flächen durch Konturen genau abzugrenzen, vorstellen. Diese Technik eignet sich sehr gut für Motive, die sich wiederholen.

Gutta, die es in jedem Seidenmalprogramm gibt, kann man je nach Wunsch in Farblos, Schwarz, Silber und Gold kaufen. Mittlerweile gibt es Hersteller, die dieses Konturmittel in weiteren Farben auf den Markt bringen. Es handelt sich dabei jedoch um relativ grelle Töne; deshalb ist Vorsicht geboten.

Man kann die Gutta zwar mit einem Pinsel auftragen, doch bequemer und einfacher arbeitet man mit einem Guttafläschchen. Durch einen konstanten Druck auf dieses Fläschchen erhalten Sie gleichmäßige Linien. Die Breite dieser Konturen kann man durch aufsteckbare Federn mit unterschiedlichen Durchmessern bestimmen.

Auch die Konsistenz der Gutta wirkt sich auf die Breite der Linien aus. Ist sie sehr dünnflüssig, läuft sie weiter aus, ist sie hingegen etwas zäher, läuft sie weniger weit aus.

Natürlich spielt die Seidenqualität, wie bereits angesprochen, auch hier eine sehr große Rolle. Bevor Sie mit dem Auftragen der Gutta auf Ihrem Werkstück beginnen, sollten Sie auf einem Reststück die Konsistenz überprüfen. Ist die Gutta zu dick, muß sie mit einem Verdünner aufgeführt werden. Arbeiten Sie zu langsam, so entstehen immer wieder Verdickungen oder Kleckse. Arbeiten Sie zu hastig, kann es zu Unterbrechungen in einer Linie kommen, und Sie müssen diese, damit sie später

Ein changierender Verlauf der Farben innerhalb einer abgeschlossenen Fläche ist durchaus möglich und belebt das entstehende Bild. Ganz zum Schluß wurde hier der dunklere Rahmen um das Bild gemalt.
Die Vorlage für dieses Motiv finden Sie auf Seite 61.

die Farbflächen genau trennt, nachziehen. Eine weitere Erschwernis ist, daß Sie die Handfläche zum Stabilisieren nie auflegen können, was vor allem bei sehr großen Tüchern leicht ermüdend wirken kann.

Sollte Ihre Hand durch den permanenten Druck, den sie auf das Pipettefläschchen ausüben muß, anfangen zu zittern, ist es angebracht, eine kleine Pause zu machen.

Achten Sie darauf, daß Ihre Hand die bereits aufgemalten, noch feuchten Linien nicht verwischt.

Auch hier gilt, daß die Gutta erst vollständig trocknen muß, bevor man mit den Farben weiterarbeiten kann.

Sollten Sie farblose Gutta benutzen, ist es besser, die Linien nicht mit Bleistift vorzuzeichnen, sondern sofort mit dem Pipettefläschchen. Man kann nämlich Bleistiftstriche durch Waschen nur sehr schwer entfernen. Dann hilft meist nur eine chemische Reinigung. Gold-, Silber- und Schwarzgutta decken den Bleistiftstrich gut ab.

Zusammenfassend nenne ich Ihnen noch einmal die wichtigsten Punkte:

- Stets die richtige Konsistenz wählen: dicke Seide dünnflüssig, feine Seide dickflüssig.
- Bei sehr dicker Seide eventuell beidseitig die Gutta auftragen.
- Linien stets durchziehen. Bei Unterbrechungen werden zwei Farbflächen nicht exakt voneinander getrennt.
- Vor dem Weiterarbeiten mit Farbe die Gutta gut trocknen lassen.

Hier sehen Sie ein fertiges Bild mit deutlich erkennbaren, zum Teil genau abgegrenzten Farben und mit weich ineinanderlaufenden Farben, die sich harmonisch vermischen. So entsteht ein impressionistisch anmutendes Bild.
Zu diesem Motiv finden Sie eine Vorlage auf Seite 63.

Guttalinien dienen bei diesem Motiv nur als Steuerung der Farben. Erkennbar ist das an den offenen Linien, die sich nicht zwingend zu einer klar abgrenzenden Form schließen.
Um keinen Bruch in der Arbeit zu haben, sollte man hier in einem Arbeitsgang den Farbauftrag abschließen. Man beginnt in einer Ecke und trägt die Farben gemäß des Bildaufbaues nach und nach auf. Dabei vermischen sich die einzelnen Farben, und die Blüten- und Blätterfarben laufen im Untergrund in einer interessanten Art aus.

Nun möchte ich Ihnen die Gutta vorstellen, die als Gerüst und Steuerung der Farbe dient, aber nicht zur genauen Abgrenzung der Flächen.
Bei dieser Art der Guttatechnik wird die Gutta hauptsächlich als graphisches Mittel eingesetzt, z. B. als zarte Verästelungen, die sich nicht zu einer geschlossenen Form zusammenfinden, sondern frei auf der Fläche auslaufen. Gearbeitet wird wie bei der freien aquarellistischen Technik auch. Der Vorteil dieser Art ist, daß Sie schöne weiche Farbverläufe malen können, aber trotzdem an den Linien kontrastierende Farb- und Helligkeitswechsel entstehen. Am Endpunkt einer Linie ist es möglich, diese unterschiedlichen Farben so ineinanderlaufen zu lassen, daß es keine Unterbrechung im Farbablauf gibt.
Diese Arbeitsweise eignet sich für den Anfänger besonders gut, denn kleine Unterbrechungen in den Guttalinien und andere Unregelmäßigkeiten fallen hier nicht so stark ins Gewicht. Außerdem muß man nicht ganz so schnell arbeiten wie bei der freien aquarellistischen Technik, denn man hat immer

Detail, welches das Auslaufen der Farbe im Grund noch stärker veranschaulicht. Bereichert wurde es durch verschiedene Salzeffekte.

wieder Konturen, an denen man neu ansetzen kann. So kommen unschöne Farbüberschneidungen selten vor. Sollte dies dennoch einmal der Fall sein, können Sie diese Stellen mit Salzeffekten etwas retuschieren.
Auch hier gilt es selbst herauszufinden, welche Möglichkeiten diese Art der Malerei noch zu bieten hat. Denn eigentlich kann man nur Anstöße bieten; die Phantasie und der Ideenreichtum entfaltet sich beim Arbeiten. Haben Sie erst einmal die technische Sicherheit erlangt, wird es Ihnen sehr viel Freude machen, experimentell weiterzuarbeiten.

Reservierungstechnik

Hier handelt es sich um das Reservieren mit Antifusantmittel und das anschließende Bemalen ohne große Farbverläufe.
Um formal und figürlich arbeiten zu können, müssen Sie nicht unbedingt die Guttatechnik anwenden.
Durch eine Vorbehandlung der Seide wird diese so präpariert, daß es möglich ist, auf ihr zu malen wie auf Papier. Die Seide wird durch diese Behandlung nicht wasserabweisend wie durch eine Appretur, sondern sie nimmt die Farbe nur begrenzt auf. Die Technik eignet sich besonders für Seidenbilder; man

kann sie allerdings auch für andere Dinge wie z. B. Seidentücher oder Schals anwenden.
Diese Herstellungsweise setzt jedoch einiges Geschick im freien Zeichnen und Malen voraus. Bei sehr figürlichen Darstellungen sollten Sie auf das Vorzeichnen mit einem weichen Bleistift nicht verzichten, da, wenn Sie erst einmal die Farbe gemalt haben, nicht mehr korrigiert werden kann.
Diese Technik wirkt sehr natürlich. Es fehlen harte, scharf abgrenzende Linien und Konturen, wie man sie von der Guttatechnik kennt.
Es gibt unterschiedliche Möglichkeiten, die Seide für eine solche Art der Malerei zu präparieren. Im Handel erhältlich und speziell darauf abgestimmt ist das sogenannte Antifusantmittel. Sie können auch selbst eine Lösung herstellen, die den Stoff ähnlich gut auf die spätere

Hier wurde die weiße Seide komplett mit Antifusant reserviert, um ein unkontrolliertes Verlaufen der Farbe zu unterbinden. Man verwäscht mit dem Pinsel die Farbe zur Fläche.

Wurde wie hier der Hintergrund nicht vor dem Auftrag mit Antifusant angelegt, muß man diesen in die Malerei mit einbeziehen. Durch das Reservieren der Seide bleiben zum Teil auch weiße Stellen sichtbar stehen.

Ist die Farbe angetrocknet, arbeitet man ganz zum Schluß die Form als solche heraus und akzentuiert durch Linien und Punkte. Es entsteht auf diese Weise auch ohne Guttalinien eine erkennbare Blütenform.

Bemalung vorbereitet: Zum einen können Sie aus Salz und Wasser eine gesättigte Lösung anrühren; das heißt, Sie müssen dem Wasser so lange Salz zugeben, bis es nicht mehr aufgelöst wird. Zum anderen können Sie ebenfalls aus Wasser unter Hinzugabe von Wäschestärke eine Lösung herstellen. Sie können auch normale Speisestärke dazu verwenden.

Bevor Sie nun eventuell mit Bleistift schon Ihre Figuren auf der Seide anskizzieren, müssen Sie das Antifusantmittel aufbringen. Je nach Konsistenz Ihres verwendeten Mittels kann man es auf unterschiedliche Arten aufbringen.

Nimmt man das im Handel erhältliche Antifusantmittel, welches relativ dickflüssig ist, ist es sehr zeitaufwendig, dieses gleichmäßig mit einem Pinsel aufzustreichen. Viel schneller arbeiten Sie mit einer Art Rakel, wie man sie beim Stoffdruck verwendet. Mit einem Teigschaber aus Plastik können Sie sich hier gut behelfen, man arbeitet wie mit einer Spachtel.

Die flüssigeren Lösungen können Sie mit einem breiten Flachpinsel schnell und gut auftragen. Wichtig ist bei beiden Arten, daß der Auftrag lückenlos erfolgt. Ist dies nicht der Fall, verläuft Ihnen später an diesen Stellen die Farbe.

Erst nachdem das Antifusantmittel richtig durchgetrocknet ist, können Sie Ihre Bleistiftkonturen aufskizzieren und mit der Farbe weiterarbeiten.

Zusammenfassend möchte ich Ihnen noch einmal die wichtigsten Punkte nennen:

- Das Antifusantmittel muß gleichmäßig und lückenlos aufgetragen werden.
- Bleistiftkonturen werden nach dem Auftrag des Antifusantmittels anskizziert.
- Bevor man mit Bleistift und Farbe weiterarbeitet, muß das Antifusantmittel richtig trocken sein.

Salzeffekt, als gestalterisches Mittel in einem Landschaftsaquarell angewandt.

Effekttechniken

Der Erfolg bei den Wasser- und Salzeffekten hängt nicht nur von einer ausgefeilten Maltechnik ab, sondern er ist auch sehr oft dem Zufall überlassen.
Sie werden selbst feststellen, daß die Effekte nicht immer gleich gut verlaufen. Minimale Abweichungen in der Technik können zu total unterschiedlichen Ergebnissen führen. Der Wassereffekt funktioniert nicht auf einer Farbfläche, die bereits mit Salz bearbeitet wurde. Er gelingt auf relativ dunklen Farben –

ebenso wie der Salzeffekt – besser als auf zu hellen Farben.
Wichtig für den Ausfall der angeführten Seidenmaleffekte ist die Qualität der verwendeten Seide. Prinzipiell gilt: Je dicker und fester die Seidenstoffe sind, um so schwieriger ist es, auf ihnen zu arbeiten und die gewünschten Effekte zu bekommen. Am besten zeichnen sich die Effekte auf der Pongé- oder Batikseide ab; auch Crêpe-de-Chine eignet sich sehr gut hierfür.

Salzeffekte

Der wohl bedeutendste und wichtigste Effekt in der Seidenmalerei ist der Salzeffekt. Er führt bei richtiger Ausführung zu wunderschönen und immer wieder überraschenden Maserungen. Manchmal wirken sie wie duftige Wolken und dann wieder wie lauter kleine Kometen, die in eine Richtung strömen. Verantwortlich hierfür ist der Zeitpunkt, zu dem das Salz auf die Seide gestreut wurde und der Grad der Feuchtigkeit. Diese Art der Gestaltung beruht auf der Tatsache, daß Salz fähig ist, Wasser aufzunehmen und zu binden. Im Handel werden spezielle „Effektsalze" relativ teuer angeboten. Es handelt sich dabei um grobkörnige Salze, die relativ viel Flüssigkeit aufnehmen können. Doch das billigere Salz, wie man es z. B. für Spülmaschinen verwendet, erfüllt den gleichen Zweck; ebenso das Streusalz. Wollen Sie eine feinere Strukturierung

Diese Abbildung zeigt drei identische Farbaufträge: oben den aquarellistischen Verlauf der Farbe ohne Einsatz von Salz; in der Mitte den Einsatz von feinkörnigem Salz – der Farbverlauf zeigt hier bizarre Einbuchtungen, welche durch das Salz hervorgerufen wurden – und unten ebenfalls den Einsatz von Salz, aber hier wurde ein grobkörniges Salz verwendet; durch den sparsameren Einsatz dieses Effektmittels sind die Strukturen nicht ganz so ausgeprägt.

Der Wassereffekt, auf der folgenden Seite beschrieben, kann durchaus zum Umreißen von exakten Formen verwendet werden, wie das Beispiel in Form einer Blüte zeigt.

erzielen, gelingt der Salzeffekt auch mit normalem Speisesalz. Streuen Sie nun also einige Salzkörner in die noch feuchte Farbe, so wird diese vom Salz angezogen und aufgenommen. Zurück bleiben die Farbpigmente, die an dieser Stelle dunkler als die restliche Farbe auftrocknen.

Gelingt Ihnen dieser Salzeffekt nicht, so kann das verschiedene Gründe haben. Vielleicht haben Sie bereits feuchtes Salz verwendet, das kaum noch Wasser an sich binden konnte, oder das Salz ist in der zu nassen Farbe „ertrunken" oder aber der Untergrund war bereits zu trocken. Es ist also wichtig, den richtigen Zeitpunkt für den Einsatz des Effektsalzes abzuwarten, um gute Ergebnisse zu erzielen. Die anderen Arbeitsgänge verlaufen wie bei der einfachen aquarellistischen Technik. Es gilt auch hier das Motto, rasch zu arbeiten, um alle Effekte entsprechend steuern zu können und das gewünschte Ergebnis zu erreichen.

Eine kleine Variante der Salztechnik er-

halten Sie, wenn Sie auf eine bereits trockene Farbfläche einige Salzkörner streuen und mit einer anderen Farbe einen Klecks auf die Körner setzen, gerade so viel, daß die Feuchtigkeit vom Salz aufgenommen wird und kleine Pünktchen zurückbleiben.
Ein weiterer Grund für das Nichtgelingen dieser Technik könnte sein, daß Sie zu blasse Farben verwendet haben und der Kontrast zwischen Untergrund und Salzeffekt dadurch zu schwach wurde.

Wassereffekte

Als weiteres Effektmittel eignet sich ganz normales klares Wasser. Setzt man z. B. auf eine fast trockene Farbe einen Wassertropfen, so nimmt dieser, während er auf der Seide verschwimmt, die noch nicht vollständig aufgetrockneten Farbpigmente mit, indem das Wasser sie wieder anlöst. Es entsteht ein heller Fleck mit einem dunklen Kranz. Den gleichen Effekt in einer anderen Form erhalten Sie auch, wenn Sie mit Wasser Linien malen. Hier ergeben sich z. B. Streifungen, die durch eine relativ unregelmäßige Linierung voneinander getrennt sind.

Diese Abbildung zeigt drei identische Farbaufträge: oben die einfache aquarellistische Aneinanderreihung von Farben, die ineinander verschwimmen; in der Mitte den Wassereffekt in Form von einzelnen Wassertropfen, die zum Teil mit einem Fön getrocknet wurden, um eine schöne Kranzbildung zu erreichen (zum Teil wurden auch Farbtropfen mit aufgebracht, als Kontrast zu den duftigen Wassertropfeneffekten), und unten den Wassereffekt in Form von Linien, die einmal gerade sind und zum anderen sich schlängeln und überlagern.

Mischtechnik

Bisher wurden beide wichtigen Techniken der Seidenmalerei abgehandelt, ebenso die Überschneidungspunkte und Kombinationsmöglichkeiten. Noch nicht berücksichtigt wurden jedoch die Kombinationsmöglichkeiten aus Antifusantmittel, also reservierten Flächen, und der freien Aquarell- und der Guttatechnik. So können Sie z. B. durch entsprechende Reservierung der benötigten Fläche ein Motiv sehr malerisch und naturalistisch nachvollziehen und die verbleibenden Flächen anschließend aquarellistisch ausgestalten.
Eine andere Möglichkeit ist folgende: Sie schaffen auf der nicht durch ein Reservierungsmittel abgedichteten Seide einen farblichen Hintergrund, den Sie nach dem vollständigen Trocknen mit

Die Farbe wurde hier im aquarellistischen Sinne aufgetragen und so angeordnet, daß eine Landschaft entstand. Bereichert wurde der Farbauftrag durch strukturierend wirkende Salzeffekte.

Nach dem Trocknen der Farbe und dem Entfernen der Salzkörnchen wird die Malerei komplett mit einem Antifusant reserviert und läßt in trockenem Zustand eine Bemalung zu, die noch stärker den Landschaftscharakter herausarbeitet. Durch lockere Pinselstriche werden Bäume und Sträucher angedeutet.

Antifusantmittel überarbeiten. Nachdem dieses ebenfalls trocken ist, können Sie mit der weiteren Malerei fortfahren.

Sie können diesen Hintergrund natürlich auch schon darstellerisch mit Hilfe der Guttatechnik gestalten und ihr anschließend nach der Bearbeitung mit Antifusantmittel durch feine Strukturierungen den letzten Schliff geben. Diese Art der Malerei bietet sich an, wenn Sie sehr ins Detail gehen wollen. Strukturierungen von Blüten, Blättern, Federn, Steinen und vielen anderen Dingen mehr, kann man auf diese Weise wunderschön ausarbeiten.

Diese Seidenmaltechnik erfordert schon ein wenig Erfahrung und Geschick, ist also für den Anfänger weniger geeignet. Es wäre nämlich schade, wenn Sie durch zu hohe Anforderungen an sich selbst die Lust an der Arbeit verlieren würden.

Das Bemerkenswerte an der Seidenmalerei ist, daß schon bei einer einfachen Arbeitsweise wunderschöne Ergebnisse erzielt werden können. Es ist also nicht nötig, sich mit Techniken abzuquälen, die für den Anfang zu schwierig und aufwendig sind.

Diese Blüte ist ein Zufallsprodukt der Malerei auf Seide. Farbanordnungen, die sich durch Zufall ergeben und willkürliche Formen bilden, werden nach dem Trocknen durch Antifusant lückenlos abgedeckt. Die im Farbauftrag steckende Form wird durch lockere Pinselstriche herausgearbeitet.

Abbildung rechts oben: Um der sich zufällig ergebenden Blüte noch mehr Ausdruckskraft zu verleihen, werden hier dunklere Blätter angeordnet, die das Gelb der Blüte noch mehr leuchten lassen. Bei dieser Malweise ist der Untergrund locker gestaltet und wirkt nicht gezwungen.

Die Anwendungsmöglichkeiten

Nun haben Sie so viel über Material, Arbeitsvorbereitung, Arbeitsschritte, Motivsuche, Rapportierungsmöglichkeiten und Techniken gehört, daß es an der Zeit ist, sich Gedanken um die Anwendung der Seidenmalerei zu machen. Wie bereits bei der Arbeitsvorbereitung angesprochen, ist es wichtig, sich von Anfang an zu überlegen, was Sie aus Ihrem Seidenstoff herstellen wollen, zumal sich nicht alle Seidenstoffe für alles gleich gut eignen.

Als Anfänger sollten Sie sich erst an kleinformatigen Dingen versuchen, z. B. an kleineren Bildern, Seidentüchern oder Schals. Sollte Ihnen die Seidenmalerei nicht gelingen, so hält sich der Schaden hier in Grenzen. Haben Sie die Farbe noch nicht fixiert, so können Sie diese mit Entfärber wieder von der Seide lösen; doch dies gelingt nie vollständig.

Tücher und Schals

Tücher sind wertvolle Accessoires und ergänzen unsere Garderobe. Durch die Seidenmalerei haben Sie die Möglichkeit, selbst Tücher herzustellen, die Sie genau auf Ihre Kleidung abstimmen können oder solche, die im modischen Trend liegen, sowohl farblich als auch formal.

Nach dem Aufspannen der Seide wurden hier in der Guttatechnik die Konturen des Motives aufgebracht. Gut zu erkennen ist der Rand, der Rahmen und Motiv trennt. Dieser Rand verleiht der Gestaltung Halt. Außerdem lassen sich so die größeren Flächen leichter ausmalen, ohne daß die Farbe am Rand in eine andere Fläche hineinläuft.

Dem Blumenmotiv entsprechend wird das Motiv nun mit Grünschattierungen und Rot-Orange-Tönen angelegt. Durch die Guttatechnik lassen sich sehr unterschiedliche Abtönungen einer Farbe erkennbar aufstreichen, und man kann stufenweise in eine andere Farbe übergehen.

Der Türkiston im Untergrund belebt die grünrote Farbzusammenstellung. Er wächst sanft aus dem Grün heraus oder stellt sich klar abgrenzend zu anderen grünen und roten Farbflächen. Sind alle Flächen ausgemalt, wird der Rand des Tuches in Arbeit genommen. Um unschöne Punkte durch die Dreizackstifte zu vermeiden, nimmt man all jene heraus, die nicht unbedingt erforderlich sind.

Eintönige oder schlichte Garderobe erfährt durch die schillernden Farben und den edlen Glanz der Seide eine Aufwertung.

Für Tücher und Schals kann man alle fließenden, feinen Seidenstoffe verwenden; zu dicke und kräftige Qualitäten sind weniger geeignet. Der Anfänger sollte mit der relativ preiswerten Pongéseide beginnen, Fortgeschrittene werden die teurere Chiffonseide, Seidengeorgette oder Crêpe-de-Chine bevorzugen.

Vor dem Rollieren oder Säumen sollten Sie Ihren Seidenstoff waschen, damit Sie, sollte der Stoff einlaufen, trotzdem ein quadratisches Tuch erhalten. Vor dem Bemalen muß mit einem Seidenfaden gesäumt werden, der die Farbe später mit annimmt.

Die Gestaltung sollte so gewählt werden, daß man beim Tragen des Tuches vom Motiv noch etwas sehen kann. Sie sollten deshalb den Schwerpunkt nicht in die Mitte des Tuches, sondern mehr Wert auf die Ecken legen.

Eigentlich gibt es hinsichtlich der Motivwahl keine Einschränkung. Geeignet sind alle pflanzlichen Motive sowie Tiere und geometrische Muster wie Streifen und Karos. Weniger geeignet sind Landschaftsmotive, da sie kaum zur Geltung kommen.

Abbildung unten: Fertiges Tuch in einer Größe von 110 × 110 cm (Vorlage S. 62).

Abbildung Seite 38: Blumenmotiv für ein Seidentuch, das in Mischtechnik gearbeitet wurde. Zur Anwendung kamen die Guttatechnik und das Arbeiten mit Reservierungsmittel, welches zur Strukturierung der Seide eingesetzt wurde. Glimmereffekte sorgen für Akzente (Vorlage S. 63).

Abbildung Seite 39: Jugendstilmotiv für ein Seidentuch, das in der Guttatechnik hergestellt wurde. Die Linien grenzen die Flächen genau ab (Vorlage S. 64).

Ausschneiden der Vlieselineeinlage: Entlang der Schablone wurden die Bleistiftstriche aufgezeichnet. Eine Nahtzugabe wurde hier ebenfalls einkalkuliert.

Die Vlieseline wird auf den bemalten und bereits fixierten Stoff aufgebügelt.

Die entlang der Vlieselinekontur ausgeschnittenen Krawattenteile werden hier jeweils am breiteren Ende zu einer Spitze geformt und mit Hilfe des Bügeleisens fixiert.

Krawatten und Schleifen

Diese sind sehr beliebte Objekte der Seidenmalerei und zum Tragen nicht den Herren vorbehalten!
Vor allem bei Schleifen genügen bereits kleine Seidenreste, für Krawatten müssen diese schon etwas größer sein. Für die Seidenqualität gibt es eigentlich keine Einschränkungen, da man bei der späteren Verarbeitung sowieso einen dafür speziell geeigneten Stoff dagegennähen oder mit aufbügelbarem Vlies arbeiten muß.
Man sollte Muster und Motive nicht zu aufwendig gestalten; am besten eignen sich Streifenmuster oder einfach strukturierte Stoffe in schönen Farbabstufungen.

Wie werden Krawatten gearbeitet?

Variante 1: Trauen Sie es sich nicht zu, eine Krawatte selbst zu nähen, so können Sie auf fertig konfektionierte Krawatten zurückgreifen, die es im Fachhandel gibt. Diese Krawatten sind in unterschiedlichen Qualitäten im rohweißen Zustand erhältlich.
Da eine fertige Krawatte konisch zuläuft, ist das Aufspannen auf einen Rahmen sehr umständlich. Man kann sich aber mit einer passend angefertigten Pappschablone behelfen, die von unten in die Krawatte eingeführt wird und entsprechend lang und kräftig sein muß.
Der Nachteil dieser fertig genähten Krawatten ist, daß sie sich nur mit begrenzten Motiven bemalen lassen. Im allgemeinen wird dafür mit Effekten gearbeitet wie beispielsweise der Salz- und Wassertropfeneffekt. Um eine homogene Bemalung zu erzielen, müssen Sie

bei dieser Variante an Vorder- und Rückseite gleichzeitig arbeiten, denn ist die Farbe erst einmal trocken, ergeben sich unschöne Ränder an der Stelle, an der trockene und feuchte Farbe zusammenlaufen. Beim Fixieren durch Wasserdampf muß außerdem darauf geachtet werden, daß die Krawatte beim Aufrollen nicht verzogen wird.

Variante 2: Eine weitaus geeignetere Möglichkeit, eine Krawatte zu gestalten und herzustellen, ist das Selbstnähen. Dazu müssen Sie noch nicht einmal eine besonders gute Näherin sein, da Sie lediglich zwei Längs- und eine Quernaht schließen müssen.

Erster Schritt
Sie nehmen eine fertige Krawatte zur Hand, legen diese auf einen einigermaßen stabilen, glatten Karton und ziehen die Konturen mit einem weichen Bleistift nach. Krawatten aus einem Stück bestehen aus zwei Teilen, die Trennung erfolgt an der kleinen Quer- oder Diagonalnaht in der Mitte. So entstehen ein schmales und ein breiteres Teil. Mit einem Schneidemesser und einem entsprechend langen Lineal oder einer Holzleiste schneiden Sie nun entlang der Bleistiftlinie ihre Schablonen aus und zeichnen die Symmetrieachse ein.

Zweiter Schritt
Nun legt man die Schablone auf eine weiche aufbügelbare Vlieseline, zeichnet die Konturen der Schablone mit einem weichen Bleistift nach und markiert durch einen Strich oben und unten die Spiegelachse. Da eine Krawatte Vorder- und Rückseite hat, legt man die Schablone jeweils zur Hälfte rechts und links noch einmal an, so daß die beiden rückseitigen Krawattenhälften entste-

Jetzt legt man die Längsseiten genau aufeinander und fixiert die Naht vorerst mit Stecknadeln, so daß ein Schlauch entsteht.

Nach dem Zusammennähen der Naht mit der Nähmaschine werden die Krawattenteile gewendet, und es entstehen runde Schläuche.

Um die runden Schläuche zu glätten und in Form zu bringen, schiebt man die Pappschablone in den Schlauch, und zwar so, daß die Mittelachse der Schablone eine Verlängerung der Naht darstellt.

hen. Was man nicht vergessen sollte, ist die Zugabe für die Naht; ein halber Zentimeter genügt. Mit einer Stoffschere schneidet man nun die mit Bleistift umrissenen Linien nach und erhält somit das Futter für diese Krawatte.

Dritter Schritt
Der bemalte Seidenstoff wird nun mit dem Bügeleisen geglättet, dann werden die Vlieselinestreifen aufgebügelt. Dazu stellt man die vom Hersteller der Vlieseline angegebene Temperatur ein. Gebügelt wird auf der Seidenseite. Bitte achten Sie darauf, daß Sie die Vlieseline nicht auf Ihre Bügelunterlage fixieren. Haben sich Vlieseline und Seide gut verbunden, kann man jetzt die Krawattenteile ausschneiden.

Vierter Schritt
Noch bevor man sich an die Nähmaschine begibt, wird die Krawattenspitze hergestellt. Dazu bugt man an den jeweils breiten Enden den Stoff etwa einen Zentimeter um und fixiert diesen Saum durch das Bügeleisen. Erst jetzt kann die Spitze geformt und ebenfalls mit dem Bügeleisen fixiert werden. Damit sich später genau in der Mitte eine Spitze ergibt, orientiert man sich an der eingezeichneten Mittelachse.

Fünfter Schritt
Damit beim Nähen die aufeinanderliegende Seide nicht verrutscht, heftet man die Naht entweder mit Stecknadeln oder großen Stichen zusammen und schließt sie dann endgültig mit der Nähmaschine. Danach entfernt man den Heftfaden oder die Stecknadeln und wendet die Krawattenteile. Die sich ergebenden Röhren müssen nun in die richtige Form gebracht werden. Dazu verwendet man die Schablonen. Diese steckt man so in die Krawatte, daß Naht und Spitze genau in der Mitte sitzen. Bei mittlerer Temperatur bügelt man jetzt die Naht aus. Der Karton verhindert, daß sich die Naht auf der Vorderseite abzeichnet und die Krawatte insgesamt zu platt wird. Nach dem Auskühlen zieht man die Kartonschablone wieder heraus und fügt nun die beiden Einzelteile zusammen. Dabei werden beide Teile wie Röhren zusammengesteckt, das äußere sichtbare Ende noch einmal ein paar Millimeter umgebugt und die kleine Quernaht mit der Nähmaschine geschlossen. Fertig ist die selbstgenähte Krawatte.

Rechte Seite:
Die beiden gebügelten Einzelteile werden zusammengeschoben, und man schließt die Naht mit der Nähmaschine. Fertig ist eine schicke Krawatte.

Die drei Einzelteile für die Fliege: die beiden Schleifenteile und das Mittelstück.

Wie werden Schleifen gearbeitet?

Aus kleinen Resten lassen sich originelle Schleifen arbeiten, die man eventuell mit andersfarbig bemalten Stoffen kombinieren kann. Bei der Form der Fliege kann man der Phantasie freien Lauf lassen. Die Größe der einzelnen Schleifen kann ebenfalls nach Geschmack variieren oder sich einfach durch die Restgröße ergeben. Auch hier gibt es fertig konfektionierte Schleifen, die man im Fachhandel erhält. Doch ebenso wie bei den Krawatten hat man eine geringe Bandbreite an Bemalungsmöglichkeiten.

Erster Schritt

Zur Herstellung von Fliegen braucht man kein besonderes Schnittmuster. Als Vorlage und Anregung dienen Fliegen, wie man sie bei einem Herrenausstatter kaufen kann. Die bemalte Seide wird auf eine weiche Vlieseline gebügelt und zu einem entsprechend großen Rechteck geschnitten.

Zweiter Schritt

Das ausgeschnittene Rechteck wird nun parallel zu den Längskanten so weit nach innen umgebugt, daß sich diese leicht überdecken und sich ein etwa fünf bis sechs Zentimeter breiter Schlauch ergibt. Fixiert wird das ganze mit einem Bügeleisen. Jetzt nimmt man die beiden schmalen Seiten des Schlauches und knickt diesen so, daß sich die beiden offenen Seiten ebenfalls einige

Die beiden Schleifenteile werden so übereinandergelegt, daß links und rechts ein gleich großes Teil überlappt, man also eine Mittelachse erhält.
An dieser Mittelachse steppt man entweder mit der Hand oder mit der Nähmaschine die beiden Einzelteile zusammen.

Millimeter in der Mitte überlappen. Diese Faltung fixiert man ebenfalls mit dem Bügeleisen. Je nach Seidenstärke kann man auch zwei solche Teile herstellen, die man später zu einer Schleife zusammenfaßt. Dabei sollte eines der beiden Teile etwas kleiner sein oder eine andere Form besitzen.

Dritter Schritt

Um der Fliege etwas mehr Halt zu verleihen, steppt man mit der Nähmaschine genau in der Mitte eine Naht ab. Bitte achten Sie darauf, daß Sie am Anfang und am Ende jeweils zwei etwas längere Fäden hängen lassen. Möchten Sie zwei Teile zu einer Fliege verarbeiten, so werden diese jetzt bereits zusammengenäht. Anschließend formt man die Mitte der Schleife, umwickelt diese mit den Fäden der Steppnaht und knotet diese so zusammen, daß die gewünschte Form erhalten bleibt.

Vierter Schritt

Das Mittelstück der Schleife wird aus einem winzigen Rest hergestellt und wie die Fliege nur links und rechts umgebügelt. Diesen kleinen Mittelsteg legt man jetzt um Schleife und Gummiband und schließt die Naht auf der rückwärtigen Seite von Hand mit kleinen unauffälligen Stichen.
Das Gummiband, welches als Träger für die Schleife dient, stellt man am besten selbst her, da es keine passenden Einzel-

Das Schleifenmittelstück legt man um die geformte Schleife und zugleich um das Trägerband und schließt die Arbeit mit ein paar Nadelstichen. Fertig ist eine individuelle und lustige Schleife.

teile im Fachhandel gibt. Dabei näht man unter Zug ein farblich passendes Seidenband auf einen etwas breiteren Gummi auf. Am Anfang und am Ende läßt man etwas Seide überstehen und befestigt an diesen Teilen den Verschluß aus Druckknöpfen oder Häkchen.
Die Bandlänge sollte auf den späteren Träger der Schleife abgestimmt werden, da die selbstgefertigten Teile nicht variabel verstellbar sind.

Lampenschirme

Bemalte Seidenlampenschirme können Atmosphäre in den Raum zaubern. Sie sollten sich nur das eine merken: Je schlichter die Form, um so mehr kommt die Art der Bemalung zur Geltung. Geeignete Schirmgestelle können Sie in Bastel- oder auch Künstlerbedarfsläden kaufen. Vielleicht haben Sie noch einen alten Lampenschirm zu Hause, dem Sie auf diese Art ein neues Aussehen geben wollen.
Die dünnen, sehr transparenten Seidenstoffe scheiden in diesem Fall aus, denn bei der Beleuchtung scheint das Licht so stark durch, daß die Farbe nicht mehr zu erkennen ist. Sehr gut geeignet ist die Honanseide, auch die Wildseide kann dazu verwendet werden. Eine dicke Qualität der Pongéseide kann ebenfalls zu einem Seidenschirm verarbeitet werden.

Die Art der Bemalung hängt im wesentlichen vom eigenen Geschmack ab, vom Raum und der späteren Umgebung, in der die fertige Lampe stehen soll.
Die Palette reicht vom darstellerisch exakt nachempfundenen Motiv über abstrahierte Muster bis hin zu ganz frei gestalteten Strukturen und Texturen.
Die Techniken zur Erstellung von Strukturen können sehr unterschiedlich sein. Der reine aquarellistische Stil mit seinen Salz- und Wassereffekten kann sehr schön sein. Aber auch das Arbeiten auf reservierter oder teilreservierter Seide läßt viele Variationsmöglichkeiten zu.

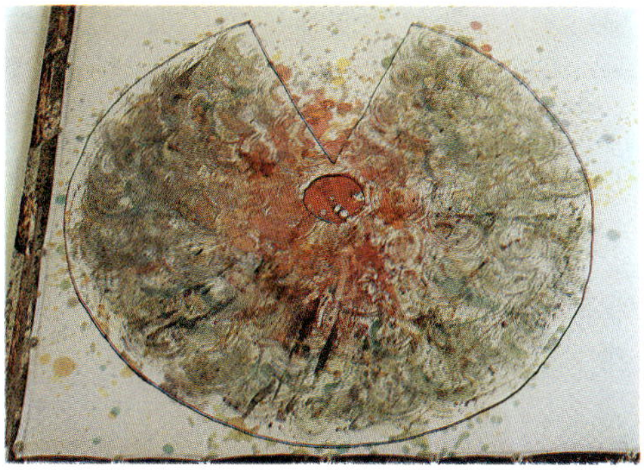

Die nachgezogene Schirmbespannung gibt die zu bemalende Fläche vor. Auf reservierter Seide wurden hier in unterschiedlichen Farben radial angeordnete Strukturen aufgebracht.

Das Bespannen

Das Gestell kann auf unterschiedliche Art und Weise bespannt werden. Einen in Falten gelegten Seidenstoff können Sie sogar mit einem Gummiband, das Sie oben und unten durch die umgebugte Naht ziehen, befestigen. Hier stören kleine Unregelmäßigkeiten nicht; die Längsnaht wird bei dieser Arbeit mit der Nähmaschine geschlossen.

Die Bespannung eines glattbespannten Schirmes ist schon etwas komplizierter und bedarf einer genauen Vorgehensweise. Für diese Art von Schirmen benötigt man neben den Schirmringen und der bemalten Seide auch noch eine Lampenschirmfolie, die es in unterschiedlichen Qualitäten und auch Strukturen gibt.
Möchten Sie sich dieses Material selbst zusammenstellen, benötigen Sie außerdem eine Schnittvorlage, die genau auf die zur Anwendung kommenden Ringe abgestimmt ist.
Sehr viel einfacher und für den Anfänger geeignet ist ein komplettes Set, bei dem die Folie bereits zugeschnitten ist und genau zu den Ringen paßt.

Durch den Auftrag von mehreren Farbschichten werden sehr vielfältige Strukturen erzeugt, die durch ihre Farbbrillanz nach dem Fixieren besonders zur Geltung kommen.

Erster Schritt
Nach dem Aufmalen und Fixieren der gewünschten Muster oder Strukturen kann man das Seidenstück noch einmal waschen, um die überschüssige Farbe zu entfernen. Dies ist jedoch nicht zwingend notwendig, da die Seide ja nicht auf der Haut getragen wird.
Wichtig ist, daß das Seidenstück in der rechteckigen Form belassen wird und noch einmal mit dem Bügeleisen geglättet wird, damit keine Falten zurückbleiben und das Fadenkreuz nicht verschoben wird.

Das rechteckige Seidenstück wird komplett auf eine glatte Unterlage mit Tesa-Krepp geklebt. Zu beachten ist, daß die rechte Seite auf der Unterlage zu liegen kommt. Man setzt die Schirmfolie an und zieht dabei die Schutzfolie langsam ab.

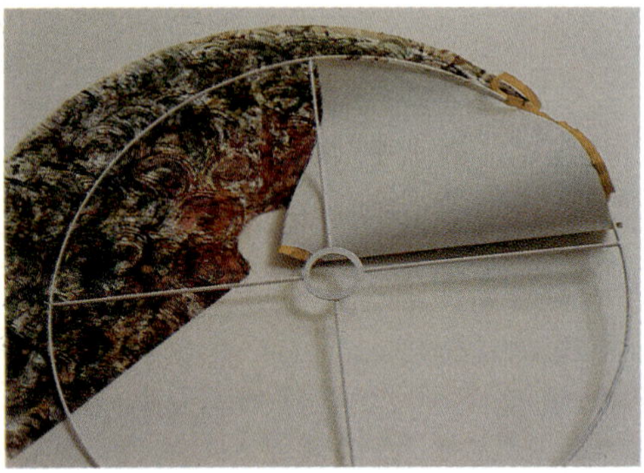

Nach dem Umkleben der Schirmkonturen mit einem entsprechend breiten Doppelklebeband schneidet man entlang der Umrißlinie den Schirmrohling aus. Man beginnt jetzt mit dem Umkleben des Lampenschirmringes, indem man Stück für Stück die Schutzfolie des Doppelklebebandes abzieht.

Zweiter Schritt
Nun legt man das Seidenstück mit der Vorderseite nach unten auf eine saubere, glatte Unterlage und fixiert die Seide mit einem Klebestreifen an den vier Seiten, so daß diese nicht mehr verrutschen kann.

Dritter Schritt
Jetzt probiert man, wie man am besten die zurechtgeschnittene Lampenschirmfolie auf der Seide ansetzt. Zu beachten ist, daß rundum ein mitgestalteter, bemalter Rand von etwa zwei Zentimetern stehen bleibt.
Hat man die ideale Position gefunden, kann man sich mit einem weichen Bleistift entsprechende Markierungen auf der Seide anbringen.
Nun entfernt man an der Längskante der Schirmfolie einige Zentimeter weit die Schutzfolie, setzt an den Bleistiftmarkierungen an und drückt die Folie fest. Erst jetzt zieht man langsam die komplette Schutzfolie ab und klebt somit die Schirmfolie auf die Seide.
Zu beachten ist, daß zwischen Seide und Folie keine Verunreinigungen kommen, die später sichtbar wären.

Vierter Schritt
Klebt die Folie fest auf der Seide, beginnt man den Rand so zu präparieren, daß man ihn später gut an den Ringen befestigen kann.
Dazu nimmt man ein hitzebeständiges 1 bis $1\frac{1}{2}$ cm breites Doppelklebeband und setzt dieses unmittelbar an den umlaufenden Kanten an. Eine Längskante kann jedoch ausgespart werden.
Bedingt durch die häufig konische

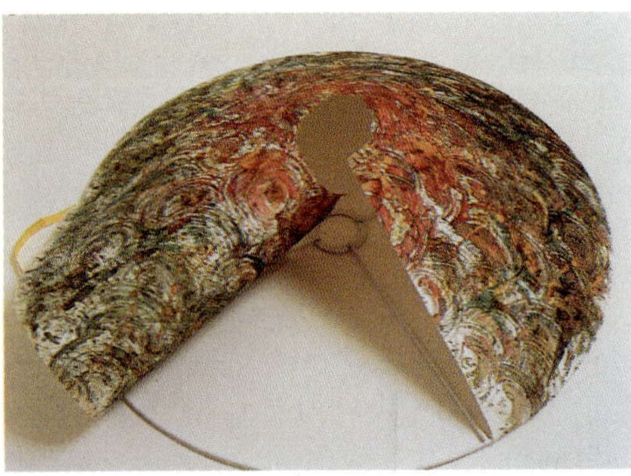

Langsam kristallisiert sich die Form des Lampenschirmes heraus, und die Naht wird nach dem Umkleben des oberen kleineren Ringes ebenfalls mit einem hitzebeständigen Doppelklebeband geschlossen.

Form der Lampenschirme ergeben sich kleine Falten im Doppelklebeband, die man jedoch nicht weiter beachten muß.

Fünfter Schritt
Nun schneidet man mit einer Stoffschere die seidenkaschierte Schirmfolie entlang des Klebebandes aus.
Anschließend kerbt man das Doppelklebeband etwa alle zwei Zentimeter leicht ein, so daß die Spannung im Band nachläßt.
An der einen abgeklebten Längsseite zieht man die Schutzfolie ab und bugt den Rand um, so daß dieser auf der Innenseite festklebt. Über diesen Rand klebt man nun noch einmal ein Doppelklebeband, mit dem später der Schirm geschlossen wird.

Sechster Schritt
Mit einem weichen Lappen kann man jetzt noch einmal die Seide sorgfältig auf die Folie reiben und kleine Unregelmäßigkeiten ausgleichen. Man nimmt erst den unteren großen Ring zur Hand, zieht bei einem Stück vom Doppelklebeband die Schutzfolie ab und beginnt jetzt Stück für Stück den Rand um den Ring zu kleben. Man sollte immer nur so viel Folie abziehen, daß man ohne Probleme das Doppelklebeband um den Ring legen kann.
Ist man mit dem unteren Ring fertig, nimmt man den kleineren Ring zur Hand und verfährt nach der gleichen Arbeitsweise. Zum Schluß wird die Längsnaht ebenfalls durch ein Doppelklebeband geschlossen, und fertig ist Ihr Lampenschirm.
Die Abstimmung zwischen Lampenschirm und -fuß ist nicht ganz unbedeutend, denn erst die komplette Harmonie zwischen beiden Teilen verleiht Ihrem Schirm die gewünschte Wirkung. Eine Faustregel gibt es: Ist die Bemalung sehr

gegenständlich oder stark strukturiert, sollte der Fuß recht schlicht gehalten sein; ist die Bemalung sehr einfach, so darf der Lampenfuß durchaus mehr in den Vordergrund rücken. Auch die einzelnen Formen müssen gut miteinander harmonieren, und die Proportionen müssen stimmen. Im Fachhandel gibt es bereits aufeinander abgestimmte Lampenschirme und Lampenfüße. Sind Sie unsicher, so greifen Sie erst einmal auf solche Produkte zurück.

Hier sehen Sie floral bemalte Satin-Seide, mit dem Schwerpunkt der Bemalung im unteren Drittel des Seidenstückes. Bei dieser Bemalung wurde die Rückseite mit in die Gestaltung einbezogen. Das Seidenstück hat ein Maß von 90 × 45 cm und ergibt beim Zusammenklappen ein Quadrat. Ungefähr in der Mitte dieses Quadrates befindet sich der Schwerpunkt der Gestaltung (Vorlage Seite 61).

Kissen

Selbstbemalte Kissenhüllen können Sie passend zur Einrichtung, unter Berücksichtigung bereits vorhandener Farben und Formen bemalen.
Geeignet sind alle festen, stabilen Seidenstoffe wie die Honanseide und die Wildseide. Für kompliziertere Motive eignet sich die Honanseide besser als die Wildseide, die nur sehr schwierig mit Gutta zu bearbeiten ist. An den Verdickungen, wie sie typisch für die Wildseiden sind, dichtet die Gutta nur selten richtig ab, so daß an diesen Stellen Farbe aus der Kontur läuft.
Hinsichtlich der Motive gibt es eigentlich keine Einschränkung. Sehr beliebt sind Pflanzen-, Blumen- und Tiermotive

und auch graphische Muster. Bei der Wahl des Motivs sollte man lediglich beachten, daß es so plaziert sein muß, daß man nach dem Zusammennähen dieses noch gut erkennen kann.

Das Nähen der Kissenhülle ist selbst für ungeübte Schneiderinnen kein Problem. Man nimmt die Größe des Kissens, das man mit der Hülle beziehen will, und gibt ein bis zwei Zentimeter für die Naht zu. Nach dem Bemalen, Fixieren und Bügeln fügt man mit der Nähmaschine die beiden Kissenteile zusammen und läßt unten eine so große Öffnung, daß man das Kissen noch gut hineinstecken kann. Dieser Schlitz wird mit der Hand zugenäht.

Geübtere Näherinnen können natürlich auch einen Reißverschluß einarbeiten. Eine weitere Alternative ist der Hotelverschluß, der vom Prinzip her wie eine Tasche funktioniert. Dünnere Seidenqualitäten eignen sich jedoch weniger für diese Alternative, auch bei einer relativ starken Beanspruchung sollte man besser einen anderen Verschluß wählen.

Je nach Art der Bemalung kann man auch auf bereits fertig genähte und leicht eingefärbte Kissenhüllen zurückgreifen, wie man sie im Fachhandel bekommt. Dazu benötigen Sie allerdings einen Spezialrahmen, der sich wie ein Schirm im Inneren der Kissenhülle öffnet und die Seide spannt. Es lassen sich dann punktuell Motive aufmalen.

Bei diesem graphisch bemalten Kissenbezug ist Vorder- und Rückseite gleichermaßen zu verwenden. Das Material ist Seidensatin; das Maß ist ebenfalls 90 × 45 cm. Sinnvollerweise bemalt man zwei Kissenhüllen zugleich, da man ein Seidenquadrat gut aufspannen kann (Vorlage Seite 62).

Material für Seidenbilder; auf Karton aufgezogene Seidenbilder, Schneidemesser und kleine Bilderrahmen;

Bilder

Bei den Seidenbildern können wir unserer Phantasie freien Lauf lassen. Es gibt keine Maßregeln, wie wir sie von den bisher beschriebenen Arbeiten kennen. Aus den Resten, die Sie z. B. durch die Rundungen bei einem Lampenschirm erhalten, können Sie kleine Miniaturen fertigen, die nicht unbedingt durch eine künstlerisch wertvolle Form, sondern durch ihre Farbigkeit wirken. Größere Bilder können Sie nach der Fertigstellung zum Rahmen weggeben. Wollen Sie diese Arbeit selbst übernehmen, brauchen Sie Atelierkleber und einen stabilen weißen Karton; Weiß sollten Sie deshalb wählen, weil sonst der Karton etwas durchscheint. Eine andere Farbe könnte Ihre Malerei so beeinflussen, daß sie stumpf und schmutzig wirkt.

Das Aufziehen der Seide auf Karton erfolgt, wie beschrieben:
Nachdem Ihr Seidenbild fixiert und ge-

Die Deckplatte des Bilderrahmens dient als Schablone für unser Seidenbild; mit dem Schneidemesser wird entlang der Kontur das Bild ausgeschnitten, so daß es exakt in den Rahmen paßt.

bügelt ist, streichen Sie die Rückseite komplett mit Atelierkleber ein, ebenso den in der passenden Größe zurechtgeschnittenen Karton.
Sind die Seide und der Karton gut trocken, legt man die eingestrichenen Flächen aufeinander und glättet die Seide mit einer Gummiwalze, wie man sie zum Tapezieren verwendet. Zu beachten ist, daß die Seide keine Falten schlägt, sondern schön glatt aufgezogen ist. Diese Art, die Seide aufzukaschieren, hat den Vorteil, daß man sie jederzeit wieder abziehen und anderweitig rahmen kann.

Eine weitere Möglichkeit, Seidenbilder auf einen Hintergrund zu kleben, ist folgende: Man greift auf die bereits bekannte Lampenschirmfolie zurück. Da diese stark selbstklebend ist, sollte man auch hier das Seidenbild mit einem Klebestreifen auf einen glatten sauberen Untergrund spannen, wie Sie es beim Herstellen eines Lampenschirmes schon kennengelernt haben. So kommt die Seide glatt und ohne Falten und Blasen auf dem Untergrund zum Liegen.
Sollten Sie Ihr Seidenbild zum Rahmen weggeben, gibt es hier die Möglichkeit, den textilen Charakter Ihrer Malerei durch das Unterlegen mit Schaumstoff noch mehr hervorzuheben. Bei dieser Art von Rahmung kommt das Bild direkt ohne Passepartout in den Rahmen. Da diese Bespannung nicht ganz einfach ist, sollte man sie besser dem Fachmann überlassen.

Allgemein ist noch zu sagen, daß eine schöne und handwerklich gut gemachte Rahmung ein Bild aufwertet und ihm die entsprechende Umgebung gibt, so daß es richtig zur Geltung kommt.

Glückwunschkarten

Aus kleineren Resten kann man ausgefallene Glückwunschkarten für jeden Anlaß herstellen. Mit solchen Karten können Sie Ihren Freunden, Bekannten und Familienangehörigen eine große Freude bereiten, denn individueller kann man keine Glückwünsche versenden.

Zum einen brauchen Sie natürlich Ihre kleinen, bemalten Stoffreste, eine Schere, ein Schneidemesser, Klebstoff, Lackstifte in verschiedenen Farben, auch in Gold und Silber, ein Lineal und einen Bleistift. Zum anderen spielt der verwendete Kartenkarton eine große Rolle. Besonders gut eignet sich sogenannter Chromoluxkarton, aber auch andere Arten von Papier und Karton eignen sich zum Herstellen von Glückwunschkarten. Es ist Ihrem Geschmack überlassen, für welchen Sie sich entscheiden.

Der Handel bietet eine Fülle von Farben, Formen und Papieren, die Sie zur Herstellung von Karten verwenden können.

Wollen sie aufklappbare Karten selbst herstellen, zeichnen Sie die doppelte Größe auf Ihren Karton und schneiden mit einem scharfen Schneidemesser Ihre Karte aus. Anschließend messen Sie mit dem Lineal genau die Hälfte ab und ritzen ebenfalls mit dem Schneidemesser den Karton leicht an, schneiden ihn aber nicht durch. Jetzt können Sie die Karte zusammenklappen.

Mit der Schere bringen Sie Ihr Seidenbildchen nun in die passende Größe und Form. Mit dem Schneidemesser entfernen Sie den nötigen Ausschnitt für Ihr Seidenbild. Dieses muß auf der Rückseite den Ausschnitt so weit überlappen, daß Sie es gut festkleben können. Der Ausschnitt kann rechteckig, quadratisch, oval, rund und dreieckig

Auf einem entsprechenden Seidenstück wird mit dem Rahmen nach einem geeigneten Motiv gesucht, welches dann mit der Stoffschere ausgeschnitten wird.

sein, doch auch andere Formen sind möglich wie z. B. Herzformen, Blattformen, Blumenformen usw. Ein guter Tip, der Ihnen bei weiteren Karten die Arbeit erleichtert: Schneiden Sie Schablonen zu, die Sie immer wieder benutzen können.

Nun kleben Sie von hinten noch ein Stück Karton dagegen; das sieht sauber aus und verleiht der Karte zusätzlich Stabilität.

Mit den Lackstiften können Sie nun das ganze noch etwas abrunden, indem Sie um den Bildausschnitt und am Rand entlang eine oder auch zwei Linien ziehen. Sicher entwickeln Sie noch weitere Varianten, um schöne und edle Glückwunschkarten herzustellen.

Auf jeden Fall haben Sie so Ihre Reststücke gut verwertet, und es bleiben Ihnen kaum Abfälle von diesem schönen Material.

Schmuck

Der Schmuck bietet eine gute Möglichkeit, kleinere Stoffreste mit hübschen Strukturen und Farbverläufen sinnvoll zu verwerten. Nicht immer ist ein Seidenrest so groß, daß man noch eine Glückwunschkarte oder ein Miniaturbild daraus fertigen könnte, doch für eine Brosche reicht er allemal aus.

Je nachdem, wie aufwendig und dominant die Broschenfassung gehalten ist, entscheidet man sich für einen schlichten Farbverlauf oder für eine etwas aufwendigere Bemalung. Als Grundprinzip könnte man sagen: Ist die Brosche oder das Schmuckstück schlicht gehalten, kann man eine aufwendigere bildnerische Darstellung wählen; ist die Fassung des Schmuckstückes bereits sehr auffällig, so sollte man eine einfache Bemalung oder aber nur einen schlichten Farbverlauf wählen.

Das Angebot an Schmuckstücken, die

Der Stoff wird mit einer entsprechenden Unterlage über die Platine gelegt und mit großen Stichen um diese gespannt.

sich zur Weiterverarbeitung für die Seidenmalerei eignen, ist sehr groß und reicht von sehr einfachen Formen über Art-Deco bis hin zu sehr verspielten jugendstilähnlichen Schmuckstücken.

Erster Schritt

Man nimmt die Einlegeplatine und den Broschenrand zur Hand und sucht damit auf dem Seidenrest nach einem geeigneten Ausschnitt. Dabei verändert man die Position der Platine und des Randes immer wieder und sucht so den besten Ausschnitt.

Zu beachten ist dabei, daß ein entsprechend großer Seidenrand stehen bleiben muß, der für die Weiterverarbeitung notwendig ist.

Zweiter Schritt

Mit einer Stoffschere schneidet man die Seide so zurecht, daß ein Stoffrand stehen bleibt. Zu diesem Zweck legt man die Platine auf den Seidenausschnitt und schneidet im entsprechenden Abstand die vorgegebene Form nach.

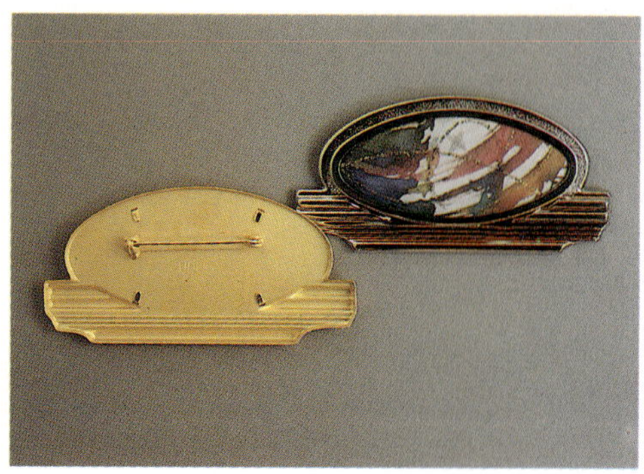

Die fertigbespannte Platine wird mit einem Rahmen auf der Trägerplatte fixiert, und fertig ist unser Schmuckstück.

Dritter Schritt
Damit das Motiv gut zur Geltung kommt, ist es wichtig, zwischen der Metallplatine und dem Seidenstoff einen weichen, weißen Hintergrund zu legen. Meist ist den abgepackten Schmuckstücken ein entsprechendes Material beigelegt. Man legt nun die Platine auf dieses Material und schneidet mit einer Schere den exakten Umriß nach.

Vierter Schritt
Zwischen Platine und Seide legt man die weiche, zurechtgeschnittene Unterlage. Die Platine gibt die Form vor, die mit der Seide überspannt wird. Sternförmig bildet man auf der Rückseite mit Nadel und Faden die Verspannung, die die Seide gleichmäßig über die leicht gewölbte Platine spannt. Zu beachten ist, daß das Fadengespinst nicht zu mächtig und dick wird, so daß es beim Zusammenfügen der Teile nicht mehr zwischen Rand und Trägerplatte Platz findet.

Fünfter Schritt
Nun legt man die mit der Seide bespannte Platine in den Rand und diesen auf die Trägerplatte. Vorgestanzte Löcher und kleine Dorne an der Fassung bilden im allgemeinen die Halterung für die Seidenplatine. Mit einer Schere knickt man die Dorne nach in-

Brosche, Halsreif, und Ohrhänger aufeinander abgestimmt.

Krawattenhalter kombiniert zu einer ebenfalls selbst hergestellten Krawatte, die Farbtöne können genau aufeinander abgestimmt werden.

nen so um, daß der Rand fest auf der Trägerplatte aufsitzt.
Bei manchen Broschen oder Schmuckstücken gibt es keine derartige Befestigung. Dann wird die bespannte Platine mit einem geeigneten Klebstoff auf der Trägerplatte befestigt.

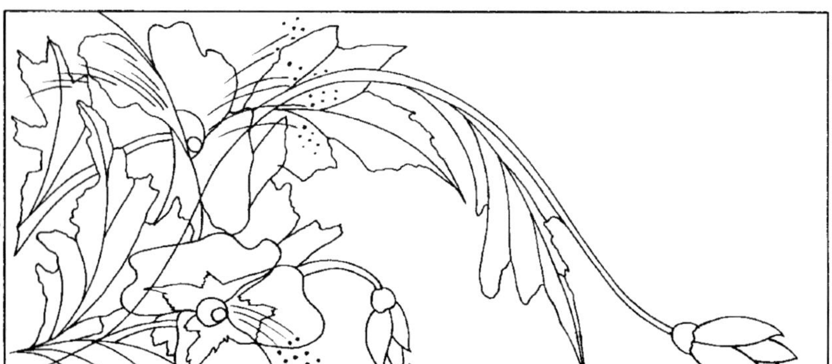

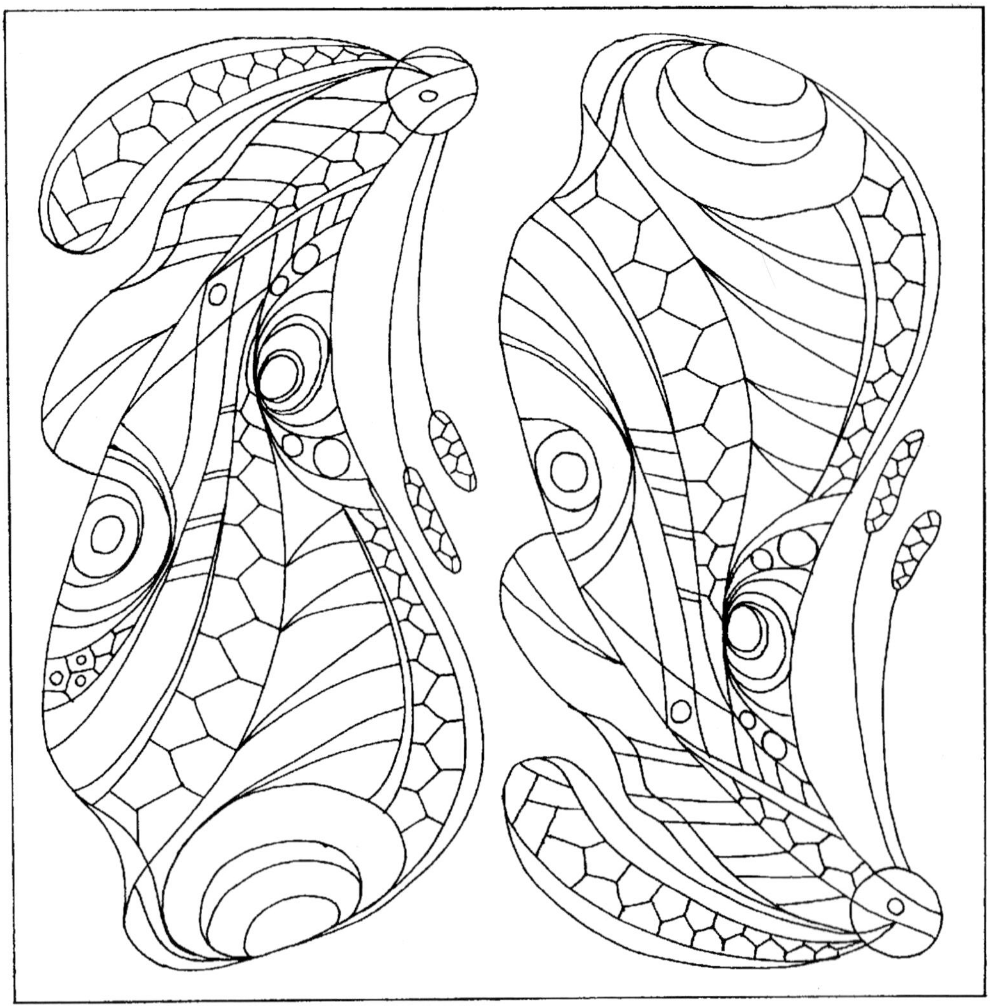